見识城邦

更新知识地图　拓展认知边界

企鹅
科普
（第一辑）

宇宙大爆炸

[英] 马库斯·乔恩 著　　[英] 克里斯·摩尔 绘　陈隆源 译

中信出版集团 | 北京

图书在版编目（CIP）数据

宇宙大爆炸 / (英) 马库斯·乔恩著 ; (英) 克里斯·
摩尔绘 ; 陈隆源译. -- 北京 : 中信出版社, 2021.3
（企鹅科普. 第一辑）
书名原文: Ladybird Expert: Big Bang
ISBN 978-7-5217-2429-5

Ⅰ. ①宇… Ⅱ. ①马… ②克… ③陈… Ⅲ. ① "大爆
炸" 宇宙学－青少年读物 Ⅳ. ①P159.3-49

中国版本图书馆CIP数据核字(2020)第217416号

宇宙大爆炸

著　　者：［英］马库斯·乔恩
绘　　者：［英］克里斯·摩尔
译　　者：陈隆源
出版发行：中信出版集团股份有限公司
　　　　　（北京市朝阳区惠新东街甲 4 号富盛大厦 2 座　邮编　100029）
承　印　者：北京尚唐印刷包装有限公司

开　　本：880mm×1230mm　1/32　　印　张：1.75　　字　数：12千字
版　　次：2021 年 3 月第 1 版　　印　次：2021 年 3 月第 1 次印刷
京权图字：01−2020−0071
书　　号：ISBN 978−7−5217−2429−5
定　　价：188.00 元（全 12 册）

创世之日

科学史上最伟大的发现就是：宇宙曾经不存在。换句话说，在创世日以前，不存在"昨天"这个概念。宇宙是在某一瞬间诞生的。大约 138.2 亿年前，一个名为"大爆炸"的巨大火球爆出了这个宇宙中的所有的物质、能量、空间，甚至时间。火球不断膨胀，冷却的碎片最终形成了星系——一种由恒星构成的宇宙中的群岛，我们的银河系是约 2 万亿个星系中的一个。简而言之，这就是宇宙大爆炸理论。

对那时候的人们来说，不管从什么角度看，宇宙是凭空出现的这样的想法实在是太疯狂了。大多数人听到这个理论后可能立即会问出下面这些问题：什么是宇宙大爆炸？是什么导致了宇宙大爆炸？大爆炸之前有什么？最后这个问题最让人尴尬、难以回答。当年的科学家们很大程度上也是因为这个问题让他们头疼，才不愿意接受大爆炸理论。能让科学家们接受该理论的只有一个东西：证据。其实，我们身边到处都是可以证明大爆炸发生过的证据。

宇宙大爆炸产生的热

宇宙大爆炸的火球就像核爆炸一样壮观。两者的不同之处在于，核爆炸产生的热量最终会消散到周围空间中；而宇宙空间周围再无其他空间，根据定义，宇宙就是一切。所以由于大爆炸火球产生的热量没有别的地方可去，热量就被困在了宇宙自身之中，其结果就是，大爆炸的"余热"至今仍存在于我们周围。当然由于宇宙自身的膨胀，这种热量被大大地冷却了，现在它们不再以可见光的形式存在，而主要是以"微波"这种不可见的光存在。电视天线就能接收到微波，如果你用的是老式模拟电视，那么切换频道时出现在屏幕上的"雪花"中有 1% 就是大爆炸残余的这种微波造成的。

宇宙 99.9% 的光粒子（光子）来自大爆炸火球的余热，而来自恒星和星系的光仅占 0.1%。如果人的眼睛能看到微波，整个宇宙看起来会是明亮的白色。

如此说来，人们其实是置身于一个被点亮的巨大灯泡里。尽管大爆炸的余热是宇宙最显著的特征，但我们花了很长时间才意识到我们生活在大爆炸宇宙中。

大爆炸——爱因斯坦的盲点

1915 年以前，所有关于宇宙起源的观点都和神话故事一样没有事实依据。1915 年以后，人们开始有条件就宇宙起源提出科学的解释。转折点就发生在 1915 年的 11 月，阿尔伯特·爱因斯坦公布了他的引力理论——广义相对论，令局面彻底改观。

爱因斯坦的天才之处在于，他意识到像地球一样的大质量物体会扭曲其周围的时空，进而产生一个"隐形"的深谷。任何接近地球的物体，比如你和我，会朝着这个谷底坠落，直到地球表面托住我们，使我们不再继续坠落下去。为了解释我们为何会坠落，我们发明了一种"力"，管它叫引力，认为是它把我们"往下"拉。但实际上不存在这种力，我们只是落入了地球扭曲的时空而已。这过程真是我们凡人难以想象的情景！

1916 年，爱因斯坦将其理论应用于他所能想象的最大物体——宇宙，并创立了"宇宙学"，即讨论宇宙起源、演化及其归宿的科学。由于他坚信艾萨克·牛顿的观点，即宇宙没有起源，而且永远没有变化，所以爱因斯坦提出，宇宙中的真空会产生一种神秘的排斥力，抵消物体之间的引力，使宇宙保持"静态"。遗憾的是，他因此错过了自己的理论所能推导出的一条重要信息。

好在后来另有高人抓住了这一机会。

躁动的宇宙

为了简化其复杂理论，以便推导出关于宇宙的些许认识，爱因斯坦假设宇宙在任何时间、任何地点都是均匀的。然而，1917年，荷兰人威廉·德西特（Willem de Sitter）放弃了这一假设，提出宇宙的"密度"会随着时间而变化。由此，他得出结论：宇宙空间要么在缩小，要么在扩大。德西特理论唯一的问题是他假设宇宙空间中不存在任何物质，因此没能得到广泛赞同。

1922年，苏联科学家亚力山卓·弗里德曼（Aleksandr Friedmann）发现，即使宇宙空间中包含物质（它确实包含），仍然可以收缩或膨胀。1927年，比利时天文学家乔治·勒梅特（Georges Lemaître）也独立得出了这一结论。今天，弗里德曼和勒梅特描绘的宇宙就是我们通常认为的大爆炸形成的宇宙。

爱因斯坦错了，宇宙不是静止不变的，我们生活在一个躁动的宇宙中。在不断膨胀的大爆炸宇宙中，每一个物体都在不断地远离其他物体。两物体相距越远，它们相互远离的速度就越快，两物体间的距离是其他物体间距离的两倍，则其相互远离的速度就是其他物体间相互远离的速度的两倍，如距离为三倍，则相互远离的速度为三倍，依此类推。

然而，当时的大爆炸宇宙还只是理论上的推演，尚需观测结果才能验证。

膨胀的宇宙

1923 年，美国天文学家埃德温·哈勃将世界上最大的望远镜——位于南加州威尔逊山上的 100 英寸（约 2.5 米）口径望远镜——转向仙女座大星云。仙女座大星云是地球的夜空中最大、距地球最近的螺旋状星云。哈勃想知道这样的"螺旋状星云"是银河系中闪烁的气体云（就像太阳那样），还是银河系外的一个恒星系统。关键是要观测到单个的恒星。之前的科学家将仙女座大星云认定为"螺旋状星云"可能是因为它离地球太远，以至于我们无法清楚地观测到其中包含的恒星。

20 世纪 20 年代，哈勃在仙女座大星云发现了一类名为"造父变星"的特殊恒星，其亮度会有明暗变化，可以根据明暗变化的速率推算出其与地球之间的距离。根据推算，哈勃得出的结论是仙女座远在银河系之外，所以那不是"仙女座大星云"而是"仙女星系"。他发现的就是宇宙的重要组成部分，"星系"，宇宙空间中由恒星组成的巨大群岛，我们的银河系就是宇宙中数万亿个星系之一。

接下来，1929 年，哈勃结合通过造父变星测量出距离的几个星系推算出了这些星系移动的速度。它们发出的星光的频率会发生变化，就像警笛一样，朝我们接近的频率升高，而远离的频率降低。通过这种"多普勒频移"效应，哈勃的同事、天文学家维斯托·斯利弗（Vesto Slipher）发现一些星系正以惊人的速度远离我们。哈勃继续扩展着他的观测范围，发现几乎所有的星系都在后退，而且离我们越远的，远离的速度就越快。由此哈勃和他的同事们得出结论：我们正生活在一个不断膨胀的宇宙中。

然而，这一观测结果对于宇宙起源究竟意味着什么，还要等一位乌克兰裔美国物理学家的灵光一现。

炽热的大爆炸

20世纪40年代，乔治·伽莫夫（George Gamow）一直在努力探究自然界中存在的从最轻的氢到最重的铀这92种元素的起源。曾经，人们认为这些元素都是造物主在第一天创造出来的。但科学证据表明，宇宙开始时只有一种元素——氢，而其他比氢重的元素都是由这一基本元素逐步发展出来的。

各原子的核心（原子核）会彼此强烈排斥，因此必须猛烈撞击才能结合起来。这需要极高的热量，因为温度正是微观运动激烈程度的量度。打造新元素最直接的熔炉就是恒星内部，但一开始人们认为恒星的热量还不够。（后来这个想法被证明是错误的。）那么，如果恒星不行，还有哪里可以？

伽莫夫决定试着把宇宙的膨胀过程像是倒着放的电影那样倒过来考虑。他回溯的终点就是大爆炸的起点，一切都被挤压在一个极小的体积内。物质一旦被挤压，就会变热，用气筒给自行车胎打过气的人应该都体验过这一点。伽莫夫由此认定，大爆炸是一次炽热的爆炸。

他计算出，这样的一个熔炉能把宇宙中10%的氢变成第二轻的元素氦。不过，大爆炸后的宇宙也会很快冷却，不等创造出更重的元素，就停止了这一过程。尽管伽莫夫未能揭示出大多数元素的来源，但是他至少发现了大爆炸的一个特征——炽热。而炽热的爆炸还会产生更多的后续影响……

创世的余热

乔治·伽莫夫意识到，如果大爆炸曾生成一个极度炽热的火球，那么它的余热一定还存在于今天的宇宙中，只是这种热量会因宇宙的膨胀而被大幅冷却，如今只表现为"微波"这种无线电波。然而，伽莫夫认为无法将这种"创世的余热"与恒星等其他天体发出的微波区分开。实际上，他错了。

伽莫夫的学生拉尔夫·阿尔弗（Ralph Alpher）和罗伯特·赫尔曼（Robert Herman）经过研究发现，创世的余热表现出两个与其他微波迥异的特点。第一个特点是，可以从天空的各个方向均匀地接收到它。第二个特点则更具技术性，其亮度会随着能量的变化而变化，就像"黑体"会随着温度的升高，而分别发出橘色、黄色、白色等颜色的光。他们还计算出，到他们那个时候创世的余热的温度应该是 5 开氏度，即 −268 摄氏度，比绝对零度高 5 度。

阿尔弗和赫尔曼在 1948 年的国际科学期刊《自然》上发表了他们的预测。他们甚至找到了射电天文学家，询问是否可以用射电望远镜探测到宇宙大爆炸的微波，但被（错误地）告知无法探测。结果，阿尔弗和赫尔曼的预测很快被世人遗忘，这一忘就是 17 年。

鸽子粪便发出的微波

阿尔诺·彭齐亚斯（Arno Penzias）和罗伯特·威尔逊（Robert Wilson）是受雇于贝尔实验室的两位科学家，贝尔实验室是美国的一家研究机构，由美国电话电报公司运营。1964 年，他们来到贝尔实验室，希望使用该实验室那个像火车车厢那么大的漏斗形微波"喇叭"进行天文学研究。这个大喇叭建在美国新泽西州的霍尔姆德尔，当时美国电话电报公司的工程师正用其测试来自第一颗现代通信卫星"电星"（Telstar）的信号。测试一结束，喇叭的使用权就被交到两位科学家手上。

彭齐亚斯和威尔逊计划用这部天线探测银河系周围的气体云发出的极为微弱的微波的咝咝声。但这世上所有的东西都会发出微波——人、建筑物、树木，甚至是这部微波天线本身。因此，他们首先需要测量干扰物的微波，以免把它们误认为要找的东西。出乎意料的是，他们总会接收到一种来自 3 开氏度物体的微波的持续不断的静电咝咝声。

开始他们以为这咝咝声来自纽约，但不论把喇叭指向哪里，咝咝声还是依旧。他们又觉得这种微波可能来自太阳系内部的其他星体，但是随着地球绕太阳公转位置的变化，微波强度没有任何改变。最后，他们偶然发现有两只鸽子在喇叭里筑了巢，有很多鸽子粪堆积在喇叭内部。难道这些鸽子粪就是发出咝咝声的微波的源头？于是他们赶走了鸽子，清除了粪便，但是仍然能听到咝咝声。

1965 年春天，彭齐亚斯被这声音逼得智穷计尽，便打电话向一位科学家同行求助⋯⋯

"小伙子们，咱们被人抢先了！"

实际上，彭齐亚斯打电话是为了别的事儿，可是没说几句，他就开始抱怨起了这种恼人的嗞嗞声，现在这声音搞得他无法用霍尔姆德尔的喇叭形天线进行任何天文学研究。结果接电话的朋友提到最近普林斯顿大学的吉姆·皮布尔斯（Jim Peebles）的一次讲座中讲的内容可能对解决彭齐亚斯的问题有所帮助。

皮布尔斯的老师鲍勃·迪克（Bob Dicke）相信宇宙是一直处在震荡之中的，会从大爆炸的膨胀状态变回"大紧缩"状态，并不断重复，就像一颗跳动着的巨型心脏。这时人们已经发现恒星内部的温度足以创造出新元素，那么宇宙和宇宙中的物质循环过程可能是这样的：前一个宇宙周期中形成的元素在"大紧缩"中被全部摧毁后，又通过大爆炸和恒星的温度以同样的方式重新被创造出来。迪克认为温度是这一循环过程的关键。因此，跟伽莫夫一样，他也推导出了炽热的大爆炸的模型，不过他的目的与伽莫夫相反，他想找的是摧毁元素而不是创造元素的方式。据皮布尔斯讲，普林斯顿大学的研究小组计划使用一个喇叭形的微波天线来探测余热，并且已经开始建造。

于是，彭齐亚斯给迪克打了电话。迪克听完彭齐亚斯说的事情之后，扭头对正在他办公室吃午饭的团队成员说："小伙子们，咱们被人抢先了！"真是令人难以置信，就在离普林斯顿不过30英里（约48千米）的地方，一个喇叭形微波天线偶然之间发现了迪克团队要找的东西。由于发现了"宇宙背景辐射"并由此证实了大爆炸的存在，彭齐亚斯和威尔逊后来在1978年分享了当年的诺贝尔物理学奖。

对稳态宇宙理论的致命一击

尽管可以确定宇宙在膨胀、宇宙过去比现在热得多，而且又发现了这种热的残余，但宇宙诞生于一场大爆炸的观点并没有被学术界立即接受。彭齐亚斯和威尔逊在有了发现之后的两年里，从未将这些反常的咝咝声和宇宙的起源问题联系起来，和大多数科学家一样，当时他们相信稳态宇宙理论。

稳态宇宙理论是由英国宇宙学家弗雷德·霍伊尔（Fred Hoyle）、赫尔曼·邦迪（Hermann Bondi）和托马斯·戈尔德（Thomas Gold）在 1948 年提出的。该假设认为，当宇宙膨胀，星系逃逸开时，物质从间隙中喷涌而出，凝结形成新的星系，所以整个宇宙看起来总是均一的。物质不是在一次性的大爆炸中形成的，而是被"不断地创造"出来的。这个宇宙论之所以能说服人，是因为这个理论中的宇宙无始无终，一直存在，避免了关于宇宙起源的尴尬问题。

稳态理论相信宇宙在过去看起来和今天一样。来自遥远物体的光揭示的是过去发生的事情，因为它需要数十亿年的时间才能到达地球。但是观测结果显示，正如远古地球上存在过的恐龙已经不复存在一样，早期宇宙中也存在过现在被称为"类星体"[1]的超亮星系，如今它们也已不复存在。这些"进化的宇宙"的证据，加上宇宙背景辐射的发现，在 20 世纪 60 年代末宣告了稳态宇宙理论的末日，迫使人们接受了大爆炸理论。

---

1 类星体：宇宙早期的一些天体系统被黑洞吞噬后会释放出巨大的能量，并被我们从地球观测到。换句话说，我们能观测到类星体发出的光，说明发出光的源头处的天体系统已经被黑洞吞噬，所以说这些星系只存在于过去，今天已不复存在。——译者注

为什么大爆炸的余热没有被早点发现?

为什么弗雷德和赫尔曼在 1948 年就预测到大爆炸的余热的存在,却一直等到 17 年后的 1965 年才被人偶然证实? 一个原因是,这个预测的理论基础是伽莫夫提出的遭到众人质疑的理论,即所有元素都是在大爆炸中形成的。另一个原因是,在 1965 年之前,科学家很难认真检验任何关于早期宇宙的理论。早期宇宙物质的温度和密度都极高,远远超出了人们的日常经验,令人难以想象。诺贝尔奖得主史蒂文·温伯格(Steven Weinberg)表示:"物理学家们的失误不是对理论太严肃,而是还不够严肃。"

但是大爆炸火球的辐射不仅在被探测到之前就被预测到了,而且在被探测到之前就被察觉到了!

1938 年,美国天文学家沃尔特·亚当斯(Walter Adams)发现了漂浮在恒星之间的宇宙空间的氰分子的有趣特征——这些分子就像小小温度计,悄悄测量着宇宙空间的温度。但令人疑惑的是,它们测出的宇宙空间温度,并不像人们想象的那样是绝对零度,而是比绝对零度高 2.3 度,即 2.3 开氏度。据加拿大天文学家安德鲁·麦凯勒(Andrew McKellar)分析,宇宙中有某种神秘的东西在加热这些氰分子。直到 1965 年,人们才弄清楚那个神秘的东西就是大爆炸的余热。

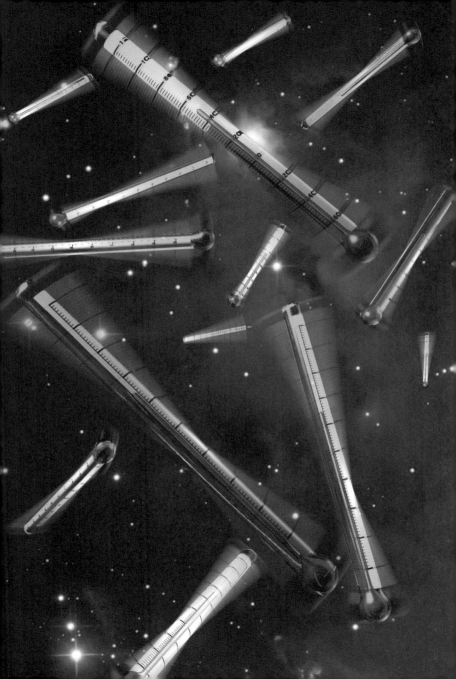

大爆炸发生在哪儿？

如果在 138.2 亿年前，宇宙从一个爆炸的火球中诞生，那一个自然而然的问题是：大爆炸发生在哪儿？具有讽刺意味的是，"大爆炸"这个词是弗雷德·霍伊尔 1949 年在接受英国广播公司的一次广播采访时生造的，本意是嘲笑大爆炸模型，因为霍伊尔主张宇宙处于稳定状态，从来不相信大爆炸理论。

事实上，"大爆炸"这个词所描绘的火球图景几乎在所有方面都是不准确的。以通常意义上的爆炸来说，比如在某处引爆一管炸药，爆炸产生的碎片会向外飞，进入周围的空间。而宇宙大爆炸没有中心，也没有预先存在的空间。空间本身突然出现，并立即开始向四面八方扩展。

天文学书籍经常把宇宙比作一个正在膨胀的蛋糕，面团里的葡萄干代表着星系。随着蛋糕的膨胀，每粒葡萄干都离得越来越远。但和蛋糕膨胀不同，宇宙膨胀没有中心，而且，蛋糕是有限度的，宇宙可能会永远膨胀下去。所以，任何与常见事物的类比都无法传递宇宙的真实本质，只能让我们窥其一斑。宇宙是一个四维体，三维的人类对其根本无法想象。唯有爱因斯坦引力理论的数学模型才能恰当地描述它。

大爆炸联系起的宏观和微观世界

如果再来一次，我们像倒着放电影那样，让宇宙膨胀的过程倒过来，就会发现宇宙中变得越来越挤，越来越热。为了探究在万物起源的时刻发生过什么，就必须先明白超高温度下的物理现象，毕竟超高温度就是超高能量的同义词。科学家们可以用瑞士日内瓦的大型强子对撞机将质子等亚原子粒子加速到超高能状态，然后使它们猛烈地撞击在一起，从而在碰撞的瞬间重现大爆炸的炽热状态。

大型强子对撞机能探测到的高能量也是有限的。然而，从大爆炸的火球开始，直到凝结成我们今天看到的宇宙，热辐射在宇宙空间里分布得并不均匀，或像春天田野里盛开的雏菊般星星点点，或像不平整的床单上的褶皱般蜿蜒曲折，仿佛圣诞彩灯一样装点着大片的黑暗空间。所有这些热辐射形成的形状被认为是大爆炸过程留下的"化石"印记。

可以说，我们可以从微观物理现象中得到关于宇宙的知识，也可以从宇宙形成过程中得到关于微观物理现象的原理。之所以存在这种联系，原因很简单，那就是在大爆炸宇宙中，现在很大的东西曾经都很小。

右图 位于日内瓦附近的大型强子对撞机上的一个探测器的仰视图，它有 15 米高、14 000 吨重，被称作紧凑渺子线圈（Compact Muon Solenoid），可以用于研究物质的基本组成部分。

反物质是怎么回事？

在大爆炸的最初时刻，当温度极高时，谁也不知道周围会产生什么奇特的亚原子粒子。但一段时间后，当温度降到足够低，构成火球的就都是如质子和电子这类我们熟悉的粒子了，这些粒子正是原子的组成部分，而原子又构成了今天所有的物质。只是还有一处存疑，那就是关于反物质的问题。

粒子和反粒子有相反的性质。以电荷为例，负电子的反粒子就是正电子。我们所知道的每一种物理过程都会产生等量的物质和反物质。那么，为什么我们所知的宇宙只是由物质组成的，而不是等量的物质和反物质呢？

有这样两条线索：1. 通过大爆炸的余热可知，宇宙中每一个物质粒子都对应了 100 亿个光子；2. 当 1 个粒子遇到它的反粒子，会发生"湮灭"，产生 1 个光子。

由此可以推论，假设在早期宇宙中，每对应 100 亿个反粒子都有 100 亿加 1 个物质粒子，那么当 100 亿个反粒子和 100 亿物质粒子双双对应湮灭后，会产生 100 亿个光子再加上 1 个没有与反粒子发生湮灭的物质粒子，正好与大爆炸的余热中 100 亿个光子对应 1 个物质粒子的比例相符，也就是说，假设成立。所以，我们的宇宙是由物质组成的，因为反物质已经在宇宙早期一通疯狂的湮灭过程后消失了。

但是，为什么物理定律会促成这样的大爆炸，使得产生的物质比反物质稍微多了这么一点点呢？这是科学中最大的待解之谜。

在大爆炸中烹制元素

宇宙诞生 3 分钟后，温度下降到 10 亿开氏度左右，这时的温度已经足够低，可以形成元素了。除了大量的光子，大爆炸火球还含有少量的质子、中子和电子，而这些质子和中子开始形成后来被称为"原子核"的原子的核心。

这是一场与时间的赛跑。自由中子开始衰变，数量每十分钟就会减少一半。同时火球膨胀和冷却的速度都非常之快，导致质子和中子活性降低，相互碰撞减少，即使碰撞，撞击力也不够大，所以它们不会再结合在一起。宇宙诞生仅 20 分钟后，构建元素的狂欢就结束了。计算表明，在那一时刻，宇宙中 90% 的物质是最轻的氢元素，10% 是第二轻的氦元素。我们今天所观察到的结果也几乎与此完全吻合，这证明这两种元素确实是在冷却的大爆炸火球中形成的。

乔治·伽莫夫声称："构建这些元素的时间比煮一只鸭子或烤熟土豆的时间还短。"但所有较重的元素都是在大爆炸之后产生的。你我血液中的铁元素、骨骼中的钙以及每次吸入肺部的氧气都是在恒星内部被创造出来的。

最后的散射时代

大爆炸发生 38 万年后，宇宙的温度下降到约 3000 摄氏度，足以让电子和原子核结合形成第一个原子。这是宇宙历史上的一个关键时刻，之所以这么说有以下几个原因。

自由电子非常容易与光子发生相互作用，所以在宇宙的年龄达到 38 万年之前，对应每一个物质粒子的 100 亿个光子在物质形成团块之前就会将其炸开。然而，电子一旦被安全地锁在原子内部，就很难与光子相互作用了。这意味着，历史上第一次，引力可以成功把物质拉到一起，创造出星系团这样的宇宙结构的"种子"。

当电子没有被约束在某一个原子内部，表现为自由电子的时候，会不断地使光子散开，并疯狂地在空间中做折返运动。

起雾的时候，水滴对光子也起到类似的作用，这种现象被称为"散射"。所以，当光子遇到自由电子发生类似"散射"的现象时，宇宙就像大雾天一样是不透明的；而一旦电子被锁在了原子里，宇宙就变得透明了。此时光子第一次可以沿直线传播。于是乎，"最后的散射时代"的光子从那以后在太空中畅通无阻地穿行了 138.2 亿年，最终作为宇宙背景辐射呈现在我们面前。

右图 我们用望远镜回望过去，看到宇宙在大爆炸的迷雾背后若隐若现，就像在浓雾弥漫的海面上行驶的巨型油轮，在海面留下斑斑点点的油迹。

宇宙的婴儿照

前面我们说过，如果人的眼睛能看到微波，你就会看到整个天空充满了大爆炸的余热，到处都是白光，仿佛置身灯泡内部。（严格地说，你必须进入太空才能看到这样的景象，因为大气层也会因为微波而发光。）事实上，余热的明暗变化非常微小，因为在最后的散射时代，当物质开始第一次聚集时，余热就已经在宇宙中留下了痕迹。

1992 年，美国国家航空航天局的宇宙背景探测器（COBE）发现，大爆炸余热的温度在宇宙中各处的差别不过十万分之几。

该探测器据此绘制出一幅宇宙的图像，引起了巨大轰动。斯蒂芬·霍金称这是"20 世纪甚至是有史以来最伟大的发现"。宇宙背景探测器项目的科学家乔治·斯穆特（George Smoot）说："这就像是一睹上帝的真容。"实际上，宇宙背景探测器只是拍了一张宇宙 38 万岁时的婴儿照。探测器拍到的热斑和冷斑孕育了比我们今天在宇宙中见过的任何东西都要大的原始结构。在 2001 年和 2009 年，美国国家航空航天局的威尔金森微波各向异性探测器（WMAP）和欧洲航天局的普朗克探测器分别拍到了更清晰的宇宙的婴儿照，我们可以从中看到目前所见的周围星系团萌发时的样子。

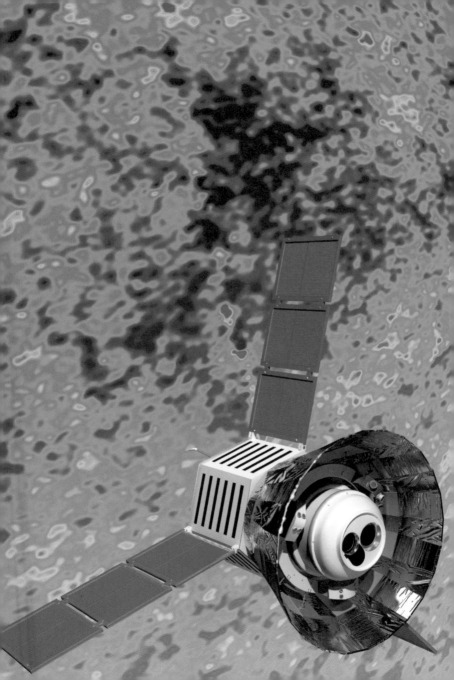

宇宙的黑暗时代

从最后的散射时代起，物质开始凝结，大爆炸的火球继续冷却并暗淡下来，直到肉眼无法看到（当然了，那时候人类也还没有出现）。宇宙，从一个炽烈的火球变成了一片漆黑。这个宇宙的"黑暗时代"非常漫长，延续了数亿年。

宇宙仍然在不停地膨胀。它的尺寸先是翻倍，然后是 10 倍，后来又扩大了 100 倍，但仍然是一片黑暗。终于，当宇宙大约诞生了 4 亿年时，发生了一件不寻常的事情。仿佛有人在举办一场烟火表演，整个宇宙都亮了起来。在引力的挤压下，物质团块温度升高，最终启动了核反应，第一批恒星诞生了。大约在同一时间，在新生星系的中心出现了"类星体"，这些巨大的黑洞将物质吸入，然后加热到极高的温度，其亮度堪比现在的 100 个星系的亮度。

我们从来没能观测到宇宙黑暗时代的这一戏剧性的结束，只能从它留在大爆炸余热的印记里推测一二。但是，等美国国家航空航天局将詹姆斯·韦伯空间望远镜发射进入地球轨道后，这一切都将改变，相信它一定能观测到这场曾经壮阔无比的宇宙烟火秀。

大爆炸理论的附属物之一：暗物质

大爆炸理论的基本观点——宇宙始于一个炽热致密的阶段，此后一直在膨胀和冷却——已经基本上不容置疑。宇宙在膨胀，其间充斥着剩余的热量，另外 10% 的原子以氦的形式存在，这些事实都为该理论提供了支持。但是，基本的大爆炸模型在几个主要方面尚与观测结果相左，这意味着还应该存在一些我们还不了解的事物。

最严重的是，大爆炸预言人类不应该存在！

要了解其原因，就有必要了解星系是如何形成的。在大爆炸火球中，密度比其他区域稍大的区域引力略强，因此会比其他区域吸引更多的物质。就像是富人越来越富一样，星系也在年复一年地增长。然而，要想形成一个银河系这样的星系，所需的时间远远超过 138.2 亿年。

为了解决这个问题，天文学家假设，除了可见的恒星和星系之外，还有质量是其六倍的不可见的"暗物质"。暗物质的额外引力加速了星系的形成，使银河系这样的星系得以形成。暗物质的构成是一个谜，它可能是由全新的亚原子粒子或迷你黑洞构成的。

可是，到目前为止，任何地球上的实验都还没能成功地直接探测到暗物质的存在。

大爆炸理论的附属物之二：暗能量

大爆炸理论与观测结果相矛盾的另一个情况，是对宇宙膨胀的错误预测。

哈勃发现星系就像宇宙大爆炸后的碎片一样在四散分离。星系之间的引力就像一张看不见的弹性网，应该会减缓宇宙膨胀。

然而，在 1998 年，天文学家发现宇宙膨胀实际上在加速。为了解决这个矛盾，他们假设宇宙中存在"暗能量"。这种能量是不可见的，而且充满了所有空间，具有反引力，并通过反引力加速宇宙膨胀。暗能量约占所有物质和能量的三分之二，这意味着，在 1998 年之前，人们一直没有意识到构成宇宙主要质量的是什么。索尔·珀尔马特（Saul Perlmutter）、布莱恩·施密特（Brian Schmidt）和亚当·里斯（Adam Riess）因发现暗能量而获得了 2011 年诺贝尔物理学奖。

没有人知道暗能量到底是什么。事实上，即使物理学家使用他们现有的最好的理论——量子理论——来预测真空的能量，他们得到的结果也比能观测到的要大 10 的 120 次方。这是科学史上预测和观测之间最大的偏差。

随着宇宙的增长，它会创造出更多的暗能量，从而产生更多的斥力，宇宙也会膨胀得越来越快。最终，物质会被稀释得无影无踪，也许宇宙不会再次爆炸，而是随着一声呜咽，如烟消散。

大爆炸理论的附属物之三：暴胀

然而，大爆炸理论与观测结果还有另外一个让人很难理解的矛盾之处：为什么大爆炸的余热在宇宙各处的温度基本上是相同的？我们假设宇宙的膨胀是在不断向后延伸，在宇宙形成38万年时，大爆炸火球留下的热辐射脱离了物质，如今处于宇宙两端的空间就已经互相失去了联系，因为即使是已知的速度最快的东西——光，也没有足够的时间从创世的那一刻起从宇宙的一侧到达另一侧。如果连光都来不及穿越整个宇宙，那么，如果宇宙中的一个区域比另一个区域冷却得快，如果热量仅通过自然传导，今天宇宙空间中各处的温度肯定无法取得平衡。为了解释为何整个宇宙处于大致相同的温度，科学家们假设，在早期，宇宙比人们想象的要小得多，这样热量就可以传播到各处。但如果宇宙在早期更小，那么在后来的138.2亿年中，它就需要膨胀得更快，才能达到现在的大小。

这种被称为"暴胀"的超快膨胀发生在宇宙诞生的第一个瞬间。这种观点是1980年左右的时候由阿列克谢·斯塔洛宾斯基（Alexei Starobinsky）和艾伦·古斯（Alan Guth）各自独立提出的。

如果宇宙后期的膨胀威力像一管普通炸药的话，那初期的暴胀威力简直能赶上一枚氢弹。暴胀由真空催生，这种真空又被称为"假真空"，因为它不是通常意义上的真空，而是一种具有反引力的超能量状态。

在暴胀期间，宇宙膨胀的速度会远远超过光速，因为在爱因斯坦的引力理论中，空间可以以任何速度膨胀。

原子
4.6%

暗物质
24%

暗能量
71.4%

终极免费午餐

让我们来看看现代的创世故事。一开始是导致暴胀的真空状态。这种状态有一个非凡的特性，当其体积增加一倍，其能量也会随之增加一倍；当其体积增加三倍，能量也增加三倍。想象一下手里的钞票能这样该多好。如果你手里攥着一沓钞票，然后慢慢把手松开，随着你的动作，手中就会出现更多的钞票。难怪物理学家把暴胀称为"终极免费午餐"。

导致暴胀的真空的扩张速度越来越快。但它是一个"量子化"的概念，跟诸如原子或电子之类的"量子化"的概念一样，导致暴胀的真空从根本上讲是随机的、不可预测的。因此，在整个导致暴胀的真空中，一些东西随机地"衰变"成了低能量的通常意义上的真空。可以将这个过程想象成浩瀚的海洋中形成了无数微小的泡沫。在每一个泡沫中，导致暴胀的真空里蕴含的巨大能量必然导向某处。

最终，这种能量创造出了物质，并将其自身加热到极高的温度，由此产生了大爆炸。我们身处的大爆炸创造的宇宙也是不断膨胀变大的暴胀宇宙中的一个泡沫。

而要开始这一切，需要的导致暴胀的真空的重量仅仅为 1 千克。但这些东西又是从哪儿来的呢？令人难以置信的是，量子理论定律允许能量无中生有。因此，很可能是从虚无中突然出现了一块导致暴胀的真空，接着又产生出整个宇宙。

多重宇宙

暴胀意味着宇宙实际上可能是无限的。然而，我们无法看到它的全部，因为宇宙只存在了138.2亿年。这意味着我们只能观测到那些与地球的距离小于138.2亿光年的恒星和星系。至于离地球超过138.2亿光年的物体，它们发出的光还没到达地球。

因此，我们看到的2万亿个星系其实是在一个被称为"可观测宇宙"的空间球体中，它的边界被称为"光视界"。这个边界就好比海上的海平线，虽然我们看不见海平线以后的区域，但我们知道在那后面一定还有更多的海洋。所以，在宇宙视界之外还有更多的宇宙。试着想一下，在我们可观测到的宇宙之外，还有很多与此相似的无限广阔的空间。

在这个"多重宇宙"中，其他区域是什么样的？根据暴胀理论，星系团的种子是早期真空的随机振荡或者叫"量子涨落"，然后随着暴胀被极度放大。因为这是个随机且不可预测的过程，所以在宇宙的其他区域，就可能会有各种各样的星系和恒星，也会演化出不同的历史。在这样一个无限的宇宙中，一切可能发生的事情都会发生。在多重宇宙中可能有一个与你一模一样的人在过着完全不同的生活！

宇宙从何而来？

现代物理学的两大支柱是爱因斯坦的引力理论，即广义相对论，外加量子理论。爱因斯坦的理论描述了宏观的恒星、星系以及整个宇宙；量子理论则是我们对微观的原子及亚原子粒子世界的最好描述。物理学帮助我们造出激光、计算机和核反应堆，解释了为什么太阳能发光，为什么我们脚下的土地是坚实的。

爱因斯坦的理论描述的是宏观世界，而量子理论解释的是微观世界，两者分别在各自的领域占据主导地位，却难以贯通融合。当然这种分歧不会对我们的日常生活造成任何困扰，但为了探究很久以前，也就是大爆炸那会儿，宇宙还很小的时候发生过什么，为了理解宇宙为何能像魔术帽里的兔子一般凭空出现，我们需要把爱因斯坦的理论和量子理论联系起来，创造出一个量子引力理论。

这一理论的最佳候选项便是"弦理论"，它把组成世界的基本粒子看作在十维空间中像小提琴弦一样振动的微小的能量弦。没有人知道该理论能否成立。但有一件事是肯定的，只有掌握了量子引力理论，我们才能彻底解答那些终极问题：

空间是什么？时间是什么？宇宙是什么？它从何而来？

扩展阅读

Stephen Hawking, *A Brief History of Time* (Bantam, 1989).

Steven Weinberg, *The First Three Minutes* (Basic Books, 1993).

Alan Guth, *The Inflationary Universe* (Vintage, 1998).

Brian Greene, *The Elegant Universe* (Vintage, 2000).

Marcus Chown, *The Magic Furnace* (Vintage, 2000).

Simon Singh, *Big Bang* (HarperPerennial, 2005).

Alex Vilenkin, *Many Worlds in One* (Hill & Wang, 2007).

Marcus Chown, *Afterglow of Creation* (Faber and Faber, 2010).

致谢

感谢凯伦、费莉希蒂·布莱恩、罗兰·怀特和托里·博托因利。

同样感谢罗尼·费尔韦瑟、克里斯·摩尔、丹·纽曼、阿里尔·帕基尔、尼克·朗兹、特雷弗·霍伍德和安妮·安德伍德。